TUDO SOBRE O PANTANAL

Edição 2020

Pé da letra

Imagens capa:
Shutterstock/ jo Crebbin
Shutterstock/ Vinicius Bacarin
Shutterstock/ Marcelo Fernandes
Shutterstock/ JT Platt

Imagens devidamente adquiridas sob licença da Shutterstock para usuário 278330043 com o pedido: SSTK-0DB32-B759

LOCALIZAÇÃO

Este bioma está localizado na Bacia Hidrográfica do Alto do Paraguai, abrangendo os estados brasileiros de Mato Grosso e Mato Grosso do Sul, e ainda uma pequena parte da Bolívia e do Paraguai, que é chamada de Chaco. Este bioma está distribuído em 22 cidades brasileiras, representando cerca de 2% do território nacional (120 mil km²).

Shutterstock/ tereza ferreira

ARARA-VERMELHA

Shutterstock/ jp Crebbin

QUE SOM EU FAÇO®

ESCANEAR

O Pantanal ou Complexo do Pantanal é o menor bioma do Brasil e a maior planície inundada do mundo, cobrindo uma área de 250 mil km². Sobre a fauna brasileira, este é um bioma extremamente rico, pois cria a maioria dos animais do Brasil. Tem um clima tropical com duas estações bem definidas. É mundialmente conhecido por fornecer relevo plano e áreas de inundação durante o período das cheias. É considerada "Patrimônio Mundial Natural" e "Reserva da Biosfera" pela UNESCO. Com os últimos desenvolvimentos na agricultura e pecuária, a economia desse bioma está concentrada na indústria primária e, na indústria terciária, aonde o turismo tem apresentado um bom desempenho.

FAUNA

A fauna pantaneira é uma das mais ricas do planeta com espécies endêmicas, e muitas outras espécies que estão ameaçadas de extinção, desde mamíferos, aves, peixes, répteis, anfíbios e insetos. Além disso, este local se tornou muito procurado para o tráfico de animais, isso porque no bioma vivem lindos e muitas vezes exóticos animais, o que aguça a cobiça dos traficantes. De acordo com a Agência de Notícias do IBGE, o Pantanal contém: 132 espécies de mamíferos: anta, capivara, veado, onça-pintada, morcego; 85 espécies de répteis, sendo os jacarés com a maior variedade; 463 espécies de aves: tucano, arara, tuiuiú, carão; 35 espécies de anfíbios, como a rã verde. Alguns animais em risco de extinção no bioma são: onça-pintada, onça-parda ou suçuarana, cervo-do-pantanal, arara-azul-grande, lobo-guará, ariranha, dentre outros. Outro grande animal que vive no Pantanal é a Eunectes murinus, comumente conhecido como sucuri, é a maior e mais conhecida das espécies de sucuri. Pode ter mais de 5 metros de comprimento e mais de 90 kg, mas o tamanho médio é menor.

O tuiuiú (Jabiru mycteria), é considerado o pássaro símbolo do Pantanal e pode ser encontrado do México ao Uruguai, sendo as maiores populações no Pantanal e no Chaco oriental, no Paraguai. O tuiuiú é uma ave pernalta, com pescoço nu e preto, e na parte inferior o papo também é nu, mas vermelho. Seu habitat é as margens de um rio entre árvores esparsas. Sua alimentação é basicamente composta por peixes, moluscos, répteis, insetos e até pequenos mamíferos.

ONÇA-PINTADA

Levando em conta seu peso e tamanho do crânio, a onça-pintada tem a mordida mais forte do mundo, superando o tigre e o leão! Sua mandíbula é tão forte, que é capaz de quebrar cascos de tartaruga.

CAMALOTE

Eichhornia crassipes, é uma espécie de planta aquática da família Pontederiaceae, conhecida pelos nomes comuns de jacinto-de-água e aguapé. É considerada uma das plantas de crescimento mais rápido que se conhece.

Vegetação e flora

A vegetação pantaneira (aquática, semi-aquática e terrestre) é composta por árvores de médio porte, gramíneas, plantas rasteiras e arbustos. Segundo a Embrapa (Empresa Brasileira de Pesquisa Agropecuária), já foram identificadas cerca de 3,5 mil espécies de plantas no bioma Pantanal, entre aroeira, ipê, figueira, palmeira e angico, muitas delas com propriedades medicinais. Por ser o Pantanal um bioma que está conectado à Floresta Amazônica e próximo ao Cerrado, a paisagem do Pantanal é muito diversificada, com árvores de médio e grande porte, exclusivas da Amazônia, ainda conta com árvores tortuosas de baixo e médio porte, que são muito comuns no Cerrado. Nas áreas alagadas, raramente semelhantes aos campos limpos do bioma cerrado, aparecem tapetes de gramíneas. Em lugares onde nunca foram submersas, grandes árvores são encontradas, já nos terrenos continuamente alagados, além dos vegetais fixos com folhas submersas e das plantas que permanecem submersas, também são encontrados vegetais aquáticos flutuantes.

TIPOS DE VEGETAÇÃO DO BIOMA

ESCANEAR

O Ipê, é do gênero Bignoniaceae e das espécies Tabebuia impetiginosa e heptaphylla, sendo uma flor nativa. No estado de Mato Grosso Sul, o Ipê se reproduz com muita facilidade embelezando ainda mais a paisagem pantaneira.

SOLO

Grande parte do Pantanal é uma planície inundável, o que é uma característica natural da região. Isso é uma dádiva, mas ao mesmo tempo é prejudicial do ponto de vista agrícola, pois as cheias reduzem a fertilidade de muitas áreas, devido ao seu alto índice de lixiviação (quando há a lavagem da camada superficial do solo), levando ao uso de agrotóxicos e insumos químicos, estes agrotóxicos são usados para cultivar soja e assim por diante. Mas, em algumas áreas a cheia faz com que a matéria orgânica se decomponha lentamente, tornando parte deste solo fértil. O solo do Pantanal é formado por detritos de terras altas, a fertilidade atinge as áreas inundadas somente quando ela volta a secar novamente, quando as chuvas cessam e o os terrenos secam, ficam sobre a superfície uma mistura de areia, restos de animais e vegetais, sementes e húmus, uma camada que torna o solo mais fértil. Em terrenos mais altos e secos, o solo é arenoso e ácido, nesses locais, a água absorvida é retida nos lençóis freáticos. A fertilidade desses solos também é limitada. Segundo a Embrapa, os solos mais comuns nessa área são: Planossolos, Espodossolos e Gleissolos.

O Pantanal está localizado em uma área de planície com altitude média de cerca de 120 metros. Com isso, mais de 80% do bioma ficam alagados no verão, época de intensas chuvas. Em seu entorno, existem vários planaltos, responsáveis por serem divisores de águas e por terem nascentes que alimentam a hidrologia da região. Entre os planaltos do entorno, o mais famoso é o maciço do Urucum, no Mato Grosso do Sul, com um pico culminante de 1065 metros.

CURIOSIDADE

Os 210 mil quilômetros quadrados do Pantanal equivalem à soma das áreas de quatro países europeus – Bélgica, Suíça, Portugal e Holanda.

CURIOSIDADE

Mesmo com a ação humana indiscriminada, que vem desmatando boa parte da vegetação do nosso país, o Pantanal mantém uma grande área da sua vegetal nativa.

Clima

O Pantanal está localizado em uma região de clima tropical, com duas estações bem definidas: verão chuvoso e inverno seco. Esse fato é determinante para a atividade turística da região, um dos principais motores da economia. As chuvas concentram-se de outubro a março, período de restrição ao turismo, sendo proibida a pesca de novembro a fevereiro por coincidir com a reprodução dos peixes. A temperatura média no Pantanal é de cerca de 26°C. O verão é o período mais quente e chuvoso do ano, com temperaturas em torno de 32°C, no inverno seco, a temperatura média é um pouco mais baixa, mas as oscilações de temperatura no inverno são comuns, por isso a temperatura pode subir muito acima ou descer muito abaixo da média, podendo ficar abaixo de 10°C, em casos extremos. A precipitação média anual chega a 1200 mm, com as principais chuvas ocorrendo entre novembro e março, o Pantanal recebe assim 70% de sua parcela anual de chuvas em poucos meses.

O período de seca vai de junho a setembro, sendo que nesses meses a precipitação média anual no Pantanal é de apenas 10% da média. Quando a chuva para, a água que inundou a planície torna-se mais escassa, dando lugar ao campo e concentrando-se em pequenas poças, onde os mamíferos buscam alimento e se acumulam para matar a sede. Este período também coincide com a florada dos ipês rosa e amarelos que acontece em meados de agosto.

HIDROGRAFIA

A água do Pantanal é um fator decisivo no equilíbrio da flora e da fauna. Durante as enchentes de verão, estima-se que 180 milhões de litros de água fluíram para a planície do bioma, esta enchente cobre dois terços da área do Pantanal. As cheias ocorrem durante a estação das chuvas, quando aumenta o volume dos rios que cruzam a região, como resultado, planícies pantaneiras, com declive baixo, ou seja, não são muito íngremes, retém a água que passa por elas. Sendo o solo da planície não muito permeável, não consegue absorver toda a água e acaba inundando uma grande área, as águas se espalham e cobrem, continuamente, vastas extensões em busca de uma saída natural, que só é encontrada centenas de quilômetros adiante, no encontro com o rio Paraná, que deságua no rio da Prata e este, no Oceano Atlântico, fora do território brasileiro. Dentre os inúmeros rios da região, além do rio Paraguai (um dos maiores da região), podemos destacar os rios Cuiabá, Taquari, Itiquira, São Lourenço, Piquiri e Aquidauana.

HIDROGRAFIA DO BIOMA

ESCANEAR

Além de ser a "Capital do Pantanal", a histórica cidade de Corumbá é o centro cultural sul-mato-grossense. O festejo junino do Banho de São João, nas águas do rio Paraguai, é um dos destaques locais e atrai mais de 50 mil visitantes. Nas margens do rio Paraguai, Corumbá desenvolveu uma economia em torno de hidrovias. Além do Porto Geral, que recebe cargueiros da América do Sul, a pesca também é vital para a cidade.

RIO PARAGUAI

O rio Paraguai percorre cerca de 1693 km desde as nascentes até a desembocadura do rio Apa. Sua navegabilidade em terras brasileiras é boa a partir de Cáceres (passando por Corumbá) até a foz do rio Apa.

QUEIMADAS

Em setembro de 2020 o Pantanal teve 8.106 pontos de incêndio, até aquela data foi o maior número de focos da história desde 1998 segundo o levantamento do Instituto Nacional de Pesquisas Especiais (Inpe).

AMEAÇAS

Nos últimos anos, o Pantanal brasileiro tem estado na vanguarda do desenvolvimento da agricultura e da pecuária na região. Uma vez que essas atividades econômicas se desenvolvem, elas geram uma variedade de impactos ambientais e, em última análise, afetarão completamente a dinâmica do meio ambiente. Embora preocupante, o impacto do turismo não é tão grande quanto o da pecuária e da agricultura extensiva. A pecuária e a agricultura destruíram a vegetação nativa em grande escala, causando erosão do solo, poluição e assoreamento dos rios, e impactos negativos por todo o bioma. Outro fator relacionado à proteção do Pantanal está ligado à caça e pesca ilegal na área. Embora seja proibida a caça de jacarés de certas espécies, isso não impede que pescadores e caçadores se aventurem no Pantanal em busca desses animais. Todas essas ações na área levaram à redução da fauna e da flora, à extinção de espécies endêmicas (animais ou plantas), e resultaram em um solo pobre, com perda de propriedades e desertificação da área.

Shutterstock/ Marcus Mesquita

FOCOS DE INCÊNDIO

ESCANEAR

A ocupação do Pantanal por europeus e seus descendentes teve início no século 18, quando a pecuária foi introduzida na área. Estima-se que existam 16 milhões de bovinos na área, que além de ocupar diversos ambientes da região, causam muitos impactos no Pantanal.

PRESERVAÇÃO

O Código Florestal Brasileiro não contém disposições específicas para o Pantanal. No entanto, há um Pacto em Defesa das Cabeceiras do Pantanal, que é uma aliança entre a sociedade civil, o setor privado e o governo. Essas organizações têm o compromisso de promover o desenvolvimento sustentável por meio de parcerias e gestão conjunta de ações e atividades, sempre com foco na restauração e conservação das Cabeceiras dos rios; Jaurú, Sepotuba, Cabaçal e Paraguai, responsáveis pelo abastecimento de 30% das águas do Pantanal.